安博文化
策划工作室

机加工安全操作

必知 30 条

中国劳动社会保障出版社

图书在版编目（CIP）数据

机加工安全操作必知 30 条/《机加工安全操作必知 30 条》
编委会编. —北京：中国劳动社会保障出版社，2013

（岗位安全操作守则图解丛书）

ISBN 978-7-5167-0797-5

Ⅰ.①机… Ⅱ.①机… Ⅲ.①金属切削-安全技术-图解
Ⅳ.①TG506-64

中国版本图书馆 CIP 数据核字（2013）第 301189 号

中国劳动社会保障出版社出版发行

（北京市惠新东街 1 号 邮政编码：100029）

*

北京市艺辉印刷有限公司印刷装订 新华书店经销

850 毫米×1168 毫米 32 开本 4.375 印张 91 千字
2014 年 1 月第 1 版 2014 年 1 月第 1 次印刷

定价：18.00 元

读者服务部电话：（010）64929211/64921644/84643933
发行部电话：（010）64961894
出版社网址：http://www.class.com.cn

编委会名单

高 岱	时 文	郭 海	蒋 巍	邢 磊	秦 伟
徐孟环	秦荣中	高东旭	王一波	梁亚辉	白 杰
葛楠楠	刘冰冰	李中武	朱子博	韩学俊	刘 雷
李文峰	王素影	皮宗其	高爱芝		

前言
Preface

当前我国安全生产总体形势有所好转，但是距离发达国家仍然有较大差距，每年发生的伤亡事故仍然较多，特大、重大安全生产事故起数仍居高不下，给国家、企业和职工的生命财产造成较大的损失。近年来，大量的农民工涌入城市，进入工业企业，走上危险性相对较高的岗位工作，却得不到基本的安全生产教育培训，更使得在中小企业中安全生产事故有高发的趋势。

根据我国多年的生产伤亡事故统计分析表明，在生产中的大量安全生产事故是可以避免的，而这些可以避免的事故中多数是由于人为操作错误造成的。因此，要彻底实现安全生产形势好转，加强职工安全生产基础知识与技能的教育培训是根本。

为此，本丛书编委会特组织业内专家编写了"岗位安全操作守则图解丛书"，希望能向广大从业人员提供一系列实用规范的、内容精炼的、浅显易懂的、适合教学的安全生产教育培训图书，使他们通过学习，提高安全生产基本素质，掌握正确操作技术和方法，规范操作行为，养成良好的安全操作习惯，杜绝违章作业，避免和减少生产事故的发生。

本丛书第一批编写 12 种，包括《新工人安全必知 30 条》《焊工安全必知 30 条》《电工安全必知 30 条》《消防安全必知 30 条》《高处作业安全必知 30 条》《起重作业安全必知 30 条》《机加工安全操作必知 30 条》《车辆驾驶安全必知 30 条》《木工机械安全必知 30 条》《涂装作业安全必知 30 条》《个人防护安全必知 30 条》《应急救护必知 30 条》。丛书具有如下特点：

一、实用规范。丛书针对易发事故的工作岗位，结合事故发生的常见原因，精心总结从事本岗位工作必须掌握的 30 条基本安全操作守则，讲解相关知识与技能。从业人员只要严格遵守这些规定，在工作中不犯类似的错误，就可以有效避免大多数事故伤害的发生。

二、内容精炼。丛书对每一个知识点都进行了认真的提炼，去掉冗长的理论讲解，重点突出岗位安全实操技能与方法，便于从业人员将学习培训与一线工作紧密对照，排查实际工作存在的习惯性违章隐患，有针对性地采取防范措施。

三、图文并茂。丛书针对每条安全操作要点都插配了图画，版面表现形式直观、活泼，以增强读者的阅读兴趣，加深知识理解，做到寓教于乐。

本丛书在编写过程中，参阅并部分引用了相关资料与著作，在此对有关著作者和专家表示感谢。由于种种原因可能在书中还存有不当之处或错误，请广大读者不吝赐教，以便及时纠正。

目　录

Contents

第一条 >> 维修设备前一定要做好准备工作。

操作标准

检修作业注意事项

1. 检修设备前要根据检修内容准备好工具，穿戴好防护用品。

2. 根据检修作业的性质，确定是否要由专人来操作，或者是否要办理相关的票证，然后才能够进行。

3. 开始工作前，先检查电、液、气动力源是否断开，在开关处挂"正在检修，禁止开动"的警示牌或设专人监护，监护人不得从事操作或做与监护无关的事。

知识培训

调刀换刀注意事项

1. 换刀与调刀前，操作人员必须在机台主控制面板上放置"调换刀中，切勿开机"的提示标识牌，避免别人在不知情的情况下开动机台，造成意外伤害事故的发生。

2. 调换刀时，操作人员应避免用手接触刀刃部分，避免划伤。

3. 在机床内部调刀位置狭小时，调换刀操作人员应进行必要的头部防护，预防头部碰到机床尖角及刀具刃口造成伤害。

4. 调换刀前，用气枪吹净刀具夹持装置周围的切屑后拆下旧刀具，操作过程应轻拿轻放。

5. 目视拆下旧刀具的磨损程度，为修正刀具的耐用度提供依据，如发现刀具磨损异常，需向车间技术人员反映。

6. 要对更换下来的旧刀具的规格、使用时间、更换原因做好详细的《刀具更换记录》，根据该记录去刀具库调换新刀具，刀具库的管理人员必须按该记录的内容发放新刀具并做好《刀具发放记录》。

7. 操作人员认真检查新刀具，确认新刀具与加工工序相符，避免拿错刀具或使用不合格刀具。

8. 刀具安装前做好刀柄及刀具夹持部位的清洁工作，不允许在刀具的夹持部位有切屑、磕碰等现象，尽可能避免由于刀具装夹所产生的加工误差。

9. 再次确认刀具有无磕碰、刃口有无崩裂现象，确认无误后再装夹刀具。

10. 刀具更换好后进行试加工，操作人员和检验人员必须对首件加工尺寸进行确认，确认合格后方可继续加工；并在《刀具更换记录》做好刀具开始使用时间的记录。

学习心得

第二条　女工在机床上操作时，要把长发罩在帽子里。

XX车间

小丽是新到车间实习的女工，长着漂亮的长发。进入车间时，安全员递给她一顶帽子，叮嘱她一定要将长发罩住。

小丽拿着帽子来到机床前，心想：自己小心点就是了，不会出事的，帽子太难看，又会压坏发型。

小丽不慎将头发绞进了设备，受了伤。

小丽在医院里包扎了伤口，悔恨自己没听安全员的话。

⚖ 操作标准

机床操作要求

在机床工作时，要注意以下事项：

1. 穿工作服，扎紧袖口。

2. 戴工作帽，把头发罩在帽内。

3. 在刀具回转或工件回转的情况下，禁止戴手套。

4. 检查开关、把手和润滑、冷却系统。

5. 检查照明情况。

6. 机床开动前要确认对任何人都无危险，机床附件、加工件以及道具都已固定可靠。

 知识培训

如何消除不安全心理

人的不安全心理包括侥幸、麻痹、偷懒、逞能、莽撞、心急、烦躁、赌气、自满、好奇十种。安全事故一般都是由人的不安全行为和物的不安全状态造成的，而人的不安全行为在很大程度上导致了安全事故的发生。因此，消除人的不安全行为在干预安全生产过程中具有很重要的意义和作用。要消除人的不安全行为，可采取如下措施：

1. 对于新参加工作或是新换岗位的从业人员的安全教育要有针对性。安全教育切忌千篇一律，要充分考虑企业各工种、岗位的特殊性和人员的学历开展安全教育。新参加工作的人员，没有经过实践，许多工作都是初次接触，容易产生好奇、侥幸、麻痹心理，这就需要在安全培训中加强新岗位的专业安全知识培训，特别是到工作现场，演示安全操作规程，列举各种电气、机械设备、零部件的安全隐患，用相关单位发生过的安全事故进行警示教育，在工作过程中进行安全追踪，将安全考核作为对新员工的重点考核内容。

2. 对于已在企业工作多年的员工，他们对本职工作有丰富经验，常常想当然地做事，认为自己已经十分熟悉了，工作中容易产生自满、逞能心理。对于这类员工不能疏忽对他们安全教育，要经常利用电教片、多媒体、图片等进行安全事故警示教育，可以将这一类员工列为新员工的安全负责人，让他们相互帮扶、联保，可以使这一类员工在工作中时时警惕，并为他人的安全负一定的责任，两全其美。

3. 单位管理人员要细心关注员工的情绪，及时进行心理疏导，不让员工把坏的情绪带到工作中，避免不必要的事故。员工的工作心理易受亲友、朋友、同事等各方面的影响，在家庭中、社会上、工作中遇到挫折会产生思想波动，这就需要单位责任人在安排工作或平时的访谈中及时了解员工思想现状，有针对性地进行思想安抚及开导，消除员工的心急、烦躁、赌气等不安全心理，使员工能心平气和地工作。

学习心得

第三条 >>> 严禁用手清除机床加工工件所产生的切屑。

小张在机床上加工零件，零件上切下了长长的切屑。

为了节省时间，小张没有使用专用工具来清理，心想，用手抓住扯一下也就下来了。

切屑随着机床转动，把小张的手给割破了。

操作规程

小张后悔不已，心想以后一定要吸取教训，按照操作规程办事。

如何清除机加工过程中产生的切屑

机加工过程中会产生大量的切屑，它对操作安全的影响很大，可能造成刺伤、割伤，高速飞出的切屑还可能造成击伤，高温的切屑会造成烫伤。另外，随工件旋转的长切屑还可能造成加工件表面的划伤。因此，要对切屑进行妥善处理，以免造成事故。

1. 通过改变刀具的角度或加装断屑装置，使切屑断成小截，不至伤人和划伤工件加工面。

2. 在刀具附近安排排屑器，控制切屑流向，使切屑按预定的方向流出，不飞崩伤人。

3. 可在机床上安装透明的防护挡板，既可以防止切屑伤人，又不影响观察。

4. 清扫机床上残留的切屑时，要停机操作，慢慢用毛刷扫出，不许使用压缩空气吹扫，以免使切屑飞出伤人。

🔍 知识培训

切　屑

由于工件材料不同，切削过程中的变形程度也就不同，因而产生的切屑种类也就多种多样。

1. 带状切屑。它的内表面光滑，外表面粗糙。

加工塑性金属材料，当切削厚度较小、切削速度较高、刀具前角较大时，一般常得到这类切屑。它的切削过程平衡，切削力波动较小，已加工表面粗糙度较小。

2. 挤裂切屑。这类切屑与带状切屑不同之处在外表面呈锯齿形，内表面有时有裂纹。这种切屑大多在切削速度较低、切削厚度较大、刀具前角较小时产生。

3. 单元切屑。如果在挤裂切屑的剪切面上，裂纹扩展到整个面上，则整个单元被切离，成为梯形的单元切屑。

以上三种切屑只有在加工塑性材料时才可能得到。其中，带状切屑的切削过程最平稳，单元切屑的切削力波动最大。在生产中最常见的是带状切屑，有时得到挤裂切屑，单元切屑则很少见。假如改变挤裂切屑的条件，如进一步减小刀具前角，减低切削速度，或加大切削厚度，就可以得到单元切屑。反之，则可以得到带状切屑。这说明切屑的形态是可以随切削条件而转化的。掌握了它的变化规律，就可以控制切屑的变形、形态和尺寸，以达到卷屑和断屑的目的。

4. 崩碎切屑。这是属于脆性材料的切屑。这种切屑的形状是不规则的，加工表面是凸凹不平的。从切削过程来看，切屑在破裂前变形很小，切屑的形成机理与塑性材料也不同。它的脆断主要是由于材料所受应力超过了它的抗拉极限。加工脆硬材料，如高硅铸铁、白口铁等，特别是当切削厚度较大时常得到这种切屑。由于它的切削过程很不平稳，容易破坏刀具，也有损于机床，加工表面又粗糙，因此，在生产中应尽量避免。其方法是减小切削厚度，使切屑成针状或片状；同时适当提高切削速度，以增加工件材料的塑性。

以上是四种典型的切屑，但加工现场获得的切屑，其形状是多种多样的。在现代切削加工中，切削速度与金属切除率达到了很高的水平，切削条件很恶劣，常常产生大量"不可接受"的切屑。所谓切屑控制（又称切屑处理，工厂中一般简称为"断屑"），是指在切削加工中采取适当的措施来控制切屑的卷曲、流出与折断，使形成"可接受"的良好屑形。

影响切屑形状的因素有以下 5 种：

1. 工件材料。工件材料的合金元素、硬度、热处理状态等都会影响切屑厚度及切屑卷曲。软钢比硬钢形成切屑厚度大；硬钢比软钢不易卷曲；不易卷曲切屑的厚度薄；但当软钢切屑厚度太大时也不易卷曲。同时工件外形也是一个重要影响因素。

2. 刀具切削区几何参数。合理的刀具切削区几何参数是提高切屑形成的可控性及断屑的可靠性最常用的方法。

前角与切屑厚度成反比，对于不同被加工材料有最佳值；主偏角直接影响切屑厚度与宽度，主偏角大易断屑；刀尖圆弧半径关系到切屑厚度与宽度以及流屑方向，精加工适宜用小的圆弧半径，粗加工适宜用大的半径。

断屑槽宽度与进给量成正比例关系，进给量小时选窄的，进给量大时选宽的；断屑槽深度与进给量成反比例关系，小进给量时选深的，大进给量时选浅的。

3. 切削用量。切削用量三要素将限定断屑范围。对断屑影响较大的是进给量、背吃刀量，而切削速度在常规切削速度内对断屑影响最小。进给量与切屑厚度成正比；背吃刀量与切屑宽度成正比；切屑速度与切屑厚度成反比，提高切削速度，有效断屑范围变窄。

4. 机床。现代数控机床利用 NC 编辑功能，周期性改变进给量，以达到强迫断屑的目的，通常称为"程控断屑"。这种方法断屑可靠性高，但切削经济性较差，常用于其他方法难以断屑的工序中，例如，车端面环形深槽等。

　　5. 冷却润滑状态。加切削液，有效断屑范围变宽，特别表现在小进给断屑易卷曲的情况。利用切削液的高压来断屑、排屑是某些加工方法中的有效办法，例如在深孔加工中，高压切削液可将切屑排出切削区。

学习心得

第四条 搬动较重的工件时，要使用起重设备。

由于工期紧，任务重，小张在加班加点工作。

由于要搬动一个很重的工件，而天车却在别的地点使用，为了节省时间，小张便让工友小刘来帮他，两人抬着转移工件。

转移工件的过程中，小刘脚下一绊，摔倒在地，工件砸在腿上，受了伤。

小张擅作主张，出了事故，受到了单位的处分。

处罚通告

15

操作标准

起吊重物注意事项

1. 移动超过 20 kg 的重物时，要使用起重设备。

2. 作业前观察工件外形情况，掌握工件的重心位置，并确认工件的重量。

3. 正确选择绳索、卸扣、卡钩等吊具索具。选用钢丝绳时，单根绳承载拉力 S，可按 $S\,(N)=100\,d^2$ 经验公式计算。其中：d 为钢丝绳直径，单位为 mm。

4. 对工件本身有专为吊装而设计的吊环或吊耳时，作业前应仔细检查，并应在全部吊环上加索。

5. 工件本身没有吊环的，应正确选择索点的位置。并使起重机的钩头对准工件重心位置。

6. 注意绳索之间的夹角一般应小于 90°。

7. 绳索所经过的工件棱角处，必须加护角防护。

8. 起吊前要有试吊过程，确认稳妥后再继续下一步作业。

9. 吊具及配件不能超过其额定起重量，吊索不得超过其相应吊挂状态下的最大工作载荷。

 **知识培训**

起重"十不吊"

吊运重物是危险因素较多的作业，受气候、环境、设备、方法、人员之间配合等的影响，常发生事故。因此，在吊运前应当仔细核对各个方面的条件，只有条件完全满足时，才可以吊运，否则，可能会发生事故。在以下 10 种情况下，绝对不能轻易施吊：

（1）信号指挥不明不准吊；

（2）斜牵斜挂不准吊；

（3）吊物重量不明或超负荷不准吊；

（4）散物捆扎不牢或物料装放过满不准吊；

（5）吊物上有人不准吊；

（6）埋在地下物不准吊；

（7）安全装置失灵或带"病"不准吊；

（8）现场光线阴暗看不清吊物起落点不准吊；

（9）棱刃物与钢丝绳直接接触无保护措施不准吊；

（10）六级以上强风不准吊。

学习心得

第五条 开动机床前，要进行安全确认。

一天，小张往车床上安装零件后，把扳手落在了工件上，没做检查就去合闸开动机器。

留在工件上的扳手飞出，砸伤了小张

小张有粗心的毛病，平时大大咧咧，丢三落四，爱忘事。

大家千万不要学我……

小张粗心大意的毛病终于酿成了苦果。

操作标准

开动机床前的安全检查

机床在开动前一定要经过安全检查，否则极易引发安全事故。

1. 机床上应设局部照明，机床上的照明灯应采用安全电压供电，照明变压器应有接地（零）保护。

2. 机床必须设置保护接地（零）线。

3. 车床所有附件，包括三爪卡盘、四爪卡盘、拨盘、花盘、中心架、跟刀架、顶尖等均应齐全完好，灵活好用。使用时定位锁紧固牢靠。卡爪滑丝时严禁使用。

4. 机床开动前要观察周围动态，机床开动后要站在安全位置上，以避开机床运动部位和铁屑飞溅。

5. 机床导轨面上、工作台上禁止放工具或其他东西。

知识培训

工具管理制度

企业在生产过程中使用的各种工具，也同机器设备一样，是工人进行生产不可缺少的手段。企业在生产经营活动中，经常使用着成千上万件工具，它们品种繁多，规格复杂，用途多样。有的工具非常精密，有的价格昂贵。因此，正确使用工具，不造成工具的损坏和丢失，延长工具的使用寿命，对于企业节约成本有着十分重要的意义。

工业企业要努力节约使用工具和降低工具消耗，具体办法是：

1. 按照实际需要领用、借用必要的工具。

2. 工具的使用应按工艺要求，在工具强度、性能允许的范围内使用，严禁串规代用（如旋具代凿子、钳子代锤子等）；不容许专用工具代替通用工具，精具粗用的现象应坚决禁止，并在使用中注意保持精度和使用条件。

3. 工具应放在固定场所，有精度要求的工具应按规定进行支撑、垫靠；工具箱要整齐、清洁，定位摆放，开箱知数，账物相符；无关物品特别是私人用品不允许放在工具箱内，使用完毕的工具应进行油封或粉封，防止生锈变形，长期不用的工具应交班组统一保管。

4. 由于工具使用的频繁性和场所变更，容易遗忘在工作场所或互相误认收管，因此，应每天核对工具箱一次，一周账物核对一次，以保持工具账物相符。贵重和精密工具要特殊对待，切实做好使用保管、定期清洁、校验精度和轻拿轻放等事项。量具要做好周期性检查鉴定工作，保持经常处于良好的技术状态。

5. 工具都有一定的使用寿命，正常磨损和消耗不可避免，但凡能修复的应及时采取措施，恢复其原来的性能，如刀具的磨刃、量具的修理等。对于不能修复的工具，在定额范围内可按手续报废并以旧换新。

学习心得

第六条 机床开动后，不准接触运动着的工件、刀具和传动部分。禁止隔着机床转动部位传递或拿取工具等物品。

小刘在车床上工作5年了，没出过什么事故，自认为技术熟练，水平较高。

有一次，小刘在测量工件要用卡尺，而卡尺在车床另一侧的工作台上，车床还在运转。

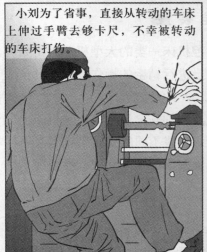

小刘为了省事，直接从转动的车床上伸过手臂去够卡尺，不幸被转动的车床打伤。

小刘为图省事的心理付出了代价。

三级残废

 **操作标准**

机床操作注意事项

1. 机床开动后，操作者要站在安全位置，以避开机床运动的部位和切屑的飞溅。

2. 机床停止前，不准接触运动的工件、刀具和转动部位。

3. 严禁隔着机床运转、转动部位传递或者取拿工具等物。

4. 调整机床行程、限位，装夹或拆卸工件、刀具，测量工件和擦拭机床时都必须在停车后进行。

知识培训

安 全 装 置

现在很多工厂都在使用数控机床一类的大型机器，比如剪板机、折弯机等，需要工作人员进行精密的操作，且需具备成熟的安全隐患意识，以保证工厂人员的安全。

很多设备本身同时会配置不同的安全装置，以防机床出现操作时伤害到周围的操作人员。这些不同的安全装置有其不同的作用。在工作中，一定要保证安全装置的有效，不要随意关闭或拆除这些安全装置。

通常机床设备会配置四种安全装置。

1. 防护装置。用来使操作者和机器设备的转动部分、带电部分及加工过程中产生的有害物加以隔离。如皮带罩、齿轮罩、电气罩、铁屑挡板、防护栏杆等。

2. 保险装置。用来提高机床设备工作可靠性。当某一零部件发生故障或出现超载时，保险装置动作，迅速停止设备工作或转入空载运行。如行程限位器、摩擦离合器等。

3. 联锁装置。用于控制机床设备操作顺序，避免动作不协调而发生事故。如车床丝杆与光杆不能同时动作等，都要安装电气或机械的联锁装置加以控制。

4. 信号装置。用来显示机器设备运行情况，或者在机器设备运转失常时，发出颜色、音响等信号，提醒操作者采取紧急措施加以处理。如指示灯、蜂鸣器、电铃等。

所以，作为一名机床操作人员，除了要了解机床的操作的流程，更要清楚所要操作的机床的各个部件和配置，只要掌握这些机床的结构、操作及注意事项，就不会存在安全隐患了。

学习心得

第七条 两人或两人以上在同一机台工作时，必须有一人负责统一指挥。

厂内新分配来的实习生小李，由工作多年的师傅老张带着一起工作。

老张和小李合作，在用冲压机制作一批零件，老张放好材料后下令，由小李操作控制把手进行冲压作业。

小李疏忽大意，在未听清师傅的指令下错误地操作了机器，把老张的手指压伤。

操作标准

协作工作时注意事项

多人协作工作时，常因为配合不好而发生事故，因此，多人在同一机床上协作工作时一定要有一人负责指挥，以防发生事故。

1. 操作者要在完全明白指挥者命令的情况下操作。

2. 指挥者传达给操作者的命令必须清楚、明了，不能产生歧义。

3. 要注意周围环境对命令传递的影响。例如，在嘈杂的环境里不能用声音来传递命令，在光线不好的地方不能用手势等来传递命令。

 **知识培训**

"手指口述"安全确认法

"手指口述"安全确认法是通过心想、眼看、手指、口述需确认的安全关键部位，以达到集中注意力、正确操作目的的一种安全确认方法。

"手指口述"安全确认法源于日本的"零事故战役"。日本在经济高速发展时期，工作现场的死亡人数也曾逐年增加。为了有效遏制这种局面，日本自 1973 年起开始推行"零事故战役"，旨在解决工作现场职业健康和安全问题，确保工人身心健康，实现工作现场"零事故战役"的具体方法就是"手指口述"法。

"手指口述"安全确认法就是指，将某项工作的操作规范和注意事项编写成简易口语，当作业开始的时候，不是马上开始而是用手指出并说出那个关键部位进行确认，以防止判断、操作上的失误。让员工在工作前眼看、手指、口述工作环境的安全状况和注意事项，在工作中时常执行口述安全操作的步骤，久之自然让员工熟练了安全操作，形成习惯，从而提高安全意识和操作技能，达到少出错误、少出纰漏、少出事故的有效作用。

"手指口述"具体确认方法是：

眼睛注视要确认的对象。

伸出手臂，用食指指向对象。

用嘴大声说出确认对象的状态，如："好（正常）！""电源关闭——好！"

耳朵要听自己的声音。

比如，斜井把钩工在开车前进行相关安检时"手指口述"：

"声光信号灵敏可靠，确认。"

"斜井无行人，确认。"

"钩头连接好、矿车插销连接好、钢丝绳完好，可以信号开车，确认完毕。"

这样"手指口述"习惯了，工作程序自然就能无误，各项安全工作步骤自然就能做到位。

学习心得

第八条 工作完毕后，应将各类手柄放到非工作位置，并切断电源，工具放入工具箱，及时清理工作场地的切屑、油污，保持通道畅通。

车间要求保持工作场地清洁、畅通，不要乱放杂物。

工人小胡总是不以为然，认为没必要，这样做是多此一举。

一天，小胡往另一个地方搬工件，突然脚下一绊，摔倒在地受了伤。

小胡啊小胡，以后可再也不能继续糊涂了。

小胡终于明白车间的规定是有道理的。

6S 管理

6S 是整理（SEIRI）、整顿（SEITON）、清扫（SEISO）、清洁（SEIKETSU）、素养（SHITSUKE）、安全（SECURITY）六个项目，是现代工厂行之有效的现场管理理念和方法，其作用是提高效率，保证质量，使工作环境整洁有序，预防为主，保证安全。

整理——将工作场所的所有物品分为有必要和没有必要的，除了有必要的留下来，其他的都消除掉。目的：腾出空间，空间活用，防止误用，营造清爽的工作场所。

整顿——把留下来的必要物品依规定位置摆放，放置整齐并加以标识。目的：工作场所一目了然，消除寻找物品的时间，创造整整齐齐的工作环境，消除过多的积压物品。

清扫——将工作场所内看得见与看不见的地方清扫干净，保持工作场所干净、明亮的环境。目的：稳定品质，减少工业伤害。

清洁——将整理、整顿、清扫进行到底，并且制度化，经常保持环境外在美观的状态。目的：创造明朗现场，维持上面3S 成果。

素养——每位成员养成良好的习惯，并遵守规则做事，培养积极主动的精神（也称习惯性）。目的：培养具有良好习惯、遵守规则的员工，营造团队精神。

安全——重视成员安全教育，每时每刻都有安全第一观念，防患于未然。目的：建立起安全生产的环境，所有的工作应建立在安全的前提下。

可用以下的简短语句来描述 6S，也能方便记忆：

整理：要与不要，一留一弃；

整顿：科学布局，取用快捷；

清扫：清除垃圾，美化环境；

清洁：清洁环境，贯彻到底；

素养：形成制度，养成习惯；

安全：安全操作，以人为本。

执行 6S 有以下好处：

（1）提升企业形象：整齐清洁的工作环境，能够吸引客户，并且增强自信心。

（2）减少浪费：由于场地杂物乱放，致使其他东西无处堆放，这是一种空间的浪费。

（3）提高效率：拥有一个良好的工作环境，可以使个人心情愉悦；东西摆放有序，能够提高工作效率，减少搬运作业。

（4）质量保证：一旦员工养成了做事认真严谨的习惯，生产的产品返修率会大大降低，提高产品品质。

（5）安全保障：通道保持畅通，员工养成认真负责的习惯，会使生产及非生产事故减少。

（6）提高设备寿命：对设备及时进行清扫、点检、保养、维护，可以延长设备的寿命。

（7）降低成本：做好 6S 可以减少跑、冒、滴、漏和来回搬运，从而降低成本。

（8）交期准：生产制度规范化使得生产过程一目了然，生产中的异常现象明显化，出现问题可以及时调整作业，以达到交期准确。

学习心得

第九条 擦拭机器的带油污抹布要及时清理出去，以免堆放在场地引起火灾。

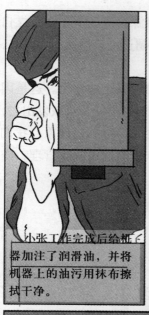

小张工作完成后给机器加注了润滑油，并将机器上的油污用抹布擦拭干净。

擦拭完成后，小张将沾满油的抹布堆放在机器旁边，心想，下班后再带出去放进垃圾回收箱。

下班后，小张有事匆忙离开，忘了将抹布带出去。

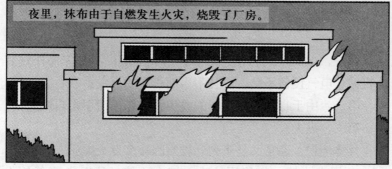

夜里，抹布由于自燃发生火灾，烧毁了厂房。

操作标准

当心自燃事故的发生

自燃火灾就是在没有外来火源、热源的情况下，物质靠自身的氧化和化学变化，产生热量升温并超过了该物质的自燃点，所引发的火灾。

工厂的油抹布堆积自燃引发火灾的现象比较常见。这是因为油脂涂浸在纤维材料上，由于氧化发热且不能及时散发出去，温度逐渐升高，达到材料的燃点，发生的自行燃烧现象。我们知道了这个道理，在平时就要注意油抹布的使用回收管理，防止自燃事故的发生。

知识培训

火灾发生的原因

火灾发生的直接原因是很多的。概括起来、可以分为三个方面：

第一，由于人们的思想麻痹，用火不慎，不遵守操作规程或机械、电气设备不良，安装不当而引起的火灾；

第二，由于自然的、化学的或生物的作用而引起自燃起火；

第三，纵火。

具体地说，通常又是下列几种原因较多发火灾：

1. 用火不慎。如使用炉火、灯火不慎，乱丢未熄灭的火柴、烟头、火灰复燃等引起的火灾。

2. 用火设备不良。如炉灶、火炕、火墙、烟囱等不符合防火要求，靠近可燃结构，或年久失修，裂缝窜火，引起可燃材料起火。

3. 违反操作规程。如焊接、烘烤、熬炼，或在禁止产生火花的场所穿带铁钉的鞋、敲打铁器，在充满汽油蒸气、乙炔、氧气等气体的房间吸烟或使用明火等引起火灾。

4. 电气设备安装、使用不当。如电气设备及其安装不合乎规格、绝缘不良、超负荷，电气线路短路，在电灯泡上包纸和布等可燃物，乱接乱拉电线，忘记拉断电闸或关闭收音机等都易造成火灾，甚至漏电电死人。

5. 小孩玩火。小孩玩火柴、打火机和乱烧物品，在有可燃物的地方放鞭炮、烧毛豆等，不仅容易造成火灾而且因小孩年幼无知还可能被火烧死。不少火灾是小孩玩火引起的。

6. 爆炸引起的火灾。火药爆炸，危险化学品爆炸，可燃粉尘、纤维爆炸，可燃气体爆炸，可燃与易燃液体蒸气爆炸，以及某些生产、电气设备爆炸，往往造成很大的火灾。

7. 自燃起火。浸油的棉织物，新割的干草、谷草，树叶，新打的粮食，没晒干的豆子、籽棉，泥炭、煤堆等通风不良，以及硝化纤维胶片、硫化亚铁、黄磷、磷化氢等，都易自燃起火。另外，有些物质如钾、钠、锂、钙等与水接触即起火；棉花、稻草、刨花与浓硝酸接触也易起火。有些化学产品，如高锰酸钾与甘油混合在一起立即起火。因此，必须根据这些物质的特性，采取相应的防火措施。

8. 静电放电、雷击起火。雷击容易起火，经常发生，但静电放电往往不太注意。例如转动的皮带、沿导管流动的易燃液体、可燃粉尘等，都易产生静电。如没有导除静电的相应措施，静电放电极易产生火花造成火灾。许多油库油罐起火，就是这种原因引起的。

9. 纵火。有刑事纵火破坏，以及精神病患者纵火。

学习心得

第十条 车削细长工件时，应使用中心架或者跟刀架，且转速不能太高。

这次任务还是交给我吧！

小刘刚到车间工作不久，虽然工作经验不多，但工作热情高涨，有了活总是抢着干。

一次，车间来了一批细长件要加工，小刘主动要求操作。

由于缺乏经验，没有使用跟刀架，直接装在车床上进行加工，且车床转速比较快。

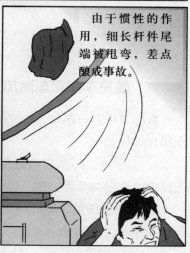

由于惯性的作用，细长杆件尾端被甩弯，差点酿成事故。

 **操作标准**

车削细长件时注意事项

一般把长径比（工件长度和直径之比）大于 20 的轴类零件称为细长件。车削细长件时，就注意以下几点：

1. 细长件刚性差，在切削力、本身重量和离心力的作用下容易变形，因此，加工细长件要使用中心架或跟刀架，且使用比较低的转速。

2. 加工细长件时，容易由于振动作用，使加工表面质量下降，因此，一般采用较低的切削速度。

3. 应选用合适的车刀，以减小切削力。

4. 为了降低工件的切削温度，可以使用切削液。

知识培训

数控车床和车削加工中心安全操作规程

数控车床及车削加工中心主要用于加工回转体零件，其安全操作规程如下：

1. 工作前，必须穿戴好规定的防护用品，并且严禁喝酒；工作中，要精神集中，细心操作，严格遵守安全操作规程。

2. 开动机床前，要详细阅读机床的使用说明书，在未熟悉机床操作前，勿随意动机床。为了安全，开动机床前务必详细阅读机床的使用说明书，并且注意以下事项：

（1）交接班记录。操作者每天工作前先看交接班记录，再检查有无异常现象后，观察机床的自动润滑油箱油液是否充足，然后再手动操作加几次油。

（2）电源。①在接入电源时，应当先接通机床主电源，再接通CNC电源；但切断电源时按相反顺序操作。②如果电源方面出现故障时，应当立即切断主电源。③送电、按按钮前，要注意观察机床周围是否有人在修理机床或电器设备，防止误伤他人。④工作结束后，应切断主电源。

（3）检查。①机床投入运行前，应按操作说明书叙述的操作步骤检查全部控制功能是否正常，如果有问题则排除后再工作。②检查全部压力表所表示的压力值是否正常。

（4）紧急停止。如果遇到紧急情况，应当立即按停止按钮。

3. 数控车床及车削加工中心的一般安全操作规程：

（1）操作机床前，一定要穿戴好劳动防护用品，不要戴手套操作机床。

（2）机床周围的工具要摆放整齐，要便于拿放。

（3）加工前必须关上机床的防护门。

（4）刀具装夹完毕后，应当采用手动方式进行试切。

（5）机床运转过程中，不要清除切屑，要避免用手接触机床运动部件。

（6）清除切屑时，要使用一定的工具，应当注意不要被切屑划破手脚。

（7）要测量工件时，必须在机床停止状态下进行。

4. 操作中特别注意事项：

（1）机床在通电状态时，操作者千万不要打开和接触机床上示有闪电符号的、装有强电装置的部位，以防被电击伤。

（2）在维护电气装置时，必须首先切断电源。

（3）机床主轴运转过程中，务必关上机床的防护门，关门时务必注意手的安全，避免造成伤害。

（4）在打雷时，不要开机床。因为雷击时的瞬时高电压和大电流易冲击机床，造成烧坏模块或丢失改变数据，造成不必要的损失。

（5）禁止打闹、闲谈、睡觉和任意离开岗位，同时要注意精力集中，杜绝酗酒和疲劳操作。

5. 做到文明生产，加工操作结束后，必须将工作场打扫干净、将机床擦拭干净、并且切断系统电源后才能离开。

学习心得

第十一条 现场物料应摆放合理，不得堆积过高，以防造成事故。

小张平时不注意工作环境整洁，生产的工件乱放，班长多次提醒，总不以为然。

一次，生产的工件很多，小张却不及时移走，堆得比较高。

忽然，堆积的工件倒塌，把小张压住受了伤。

小张为自己的行为付出了代价。

 **操作标准**

现场工件堆放要求

1. 现场生产完的工件要及时移走，不可堆积太高，以免倒塌伤人。

2. 码放物料时要放牢，重的物件放在底部，轻的物件放在上面，且应摆放整齐，以免失稳。

3. 工作现场最好不要堆放太多的物料。

知识培训

现场物料管理

生产现场空间有限，环境非常复杂，设备、人员、材料、产品交织在一起，如果不加以合理管理，容易出现混乱局面，造成生产事故，因此，需要对现场的物料进行合理的管理。

1. 现场物料保管的要求

（1）根据生产计划合理地领用物料，不要一次领取过多的物料。

（2）凡领用的贵重材料、小材料，必须在室内规划出合适的地方放置，并加锁保管，按定额使用。

（3）凡领用的钢材、木材等大宗材料，若暂时存放在生产线现场，必须堆放整齐，下垫上盖，并有专人负责。

（4）上线加工必须做到工完料净，把剩余的材料全部回收，登记入账，留作备用。

2. 现场物料的堆放

（1）最大化利用存储空间，尽量采取立体堆放方式，提高生产现场空间的使用率。

（2）利用机器装卸，如使用加高机，以增加物料堆放的空间。

（3）车间的通道应有适当的宽度，并保持一定的装卸空间，保持物料搬运的顺畅，同时不影响物料装卸工作效率。

（4）不同的物料应依物料本身形状、性质和价值等而考虑不同的堆放方式。

（5）考虑先进先出的原则。

（6）物料的堆放，要考虑存储数量读取方便。

（7）物料的堆放应容易识别与检查，如良品、不良品、呆料和废料均应分开放置。

（8）对加工完的工件，要对重要的加工面进行保护，以防磕、碰、划伤。

（9）保证现场物料不会出现任何劣化。

3. 暂时不用物料的管理

（1）暂时不用的物料是指由于生产要素的制约或突变，本次生产活动结束后，仍无法全部使用完毕的材料，包括呆料、旧料。

（2）现场长时间放置上述物料，会造成串用、丢失，管理成本增大及浪费空间等负面效果。

（3）现场对暂时不用物料，可设置"暂时存放区"或全部清场处理。

学习心得

第十二条 加工件应装夹牢固，以防在加工过程中移动发生事故。

小张接到一批活，要在一零件上钻孔，小张自认为自己技术高，干这点活不成问题，心想：赶快干完好早点下班。

一次，在往夹具上安装零件时，没有装夹牢固，却没有发现。

哎呦……

在钻孔过程中，零件松脱，与钻头一起旋转，将小张打伤。

此次事故给小张上了难忘的一课。

47

操作标准

工件的夹紧

在机床上生产工件时，一定要使用夹紧装置夹紧工件，因为在加工的时候，要产生很大的力，如果夹紧力不够，会产生振动，甚至因工件的移动而发生事故。

1. 夹紧应既不破坏工件的定位，或产生过大的夹紧变形，又要有足够的夹紧力，防止工件在加工中产生振动。

2. 夹紧力的方向应使定位基面与定位元件接触良好，保证工件定位正确可靠。

3. 夹紧力的方向应与工件刚度最大的方向一致，以减小工件变形。

4. 夹紧力的方向应尽量与工件受到的切削力、重力等的方向一致，以减小夹紧力。

 **知识培训**

夹具的种类

夹具是机械制造过程中用来固定加工对象，使之保持正确的位置，以接受施工或检测的装置，又称卡具。从广义上说，在工艺过程中的任何工序，用来迅速、方便、安全地安装工件的装置，都可称为夹具。例如焊接夹具、检验夹具、装配夹具、机床夹具等。其中机床夹具最为常见，常简称为夹具。在机床上加工工件时，为使工件的表面能达到图纸规定的尺寸、几何形状以及与其他表面的相互位置精度等技术要求，加工前必须将工件装好（定位）、夹牢（夹紧）。夹具通常由定位元件（确定工件在夹具中的正确位置）、夹紧装置、对刀引导元件（确定刀具与工件的相对位置或导引刀具方向）、分度装置（使工件在一次安装中能完成数个工位的加工，有回转分度装置和直线移动分度装置两类）、连接元件以及夹具体（夹具底座）等组成。

夹具种类按使用特点可分为：

1. 万能通用夹具。如机床用平口虎钳、卡盘、吸盘、分度头和回转工作台等，有很大的通用性，能较好地适应加工工序和加工对象的变换，其结构已定型，尺寸、规格已系列化，其中大多数已成为机床的一种标准附件。

2. 专用性夹具。为某种产品零件在某道工序上的装夹需要而专门设计制造，服务对象专一，针对性很强，一般由产品制造厂自行设计。常用的有车床夹具、铣床夹具、钻模（引导刀具在工件上钻孔或铰孔用的机床夹具）、镗模（引导镗刀杆在工件上镗孔用的机床夹具）和随行夹具（用于组合机床自动线上的移动式夹具）。

3. 可调夹具。可以更换或调整元件的专用夹具。

4. 组合夹具。由不同形状、规格和用途的标准化元件组成的夹具，适用于新产品试制和产品经常更换的单件、小批生产以及临时任务。

学习心得

第十三条 应根据需要，合理使用适合的防护用具。

小张接到一批工作，需要使用砂轮机。

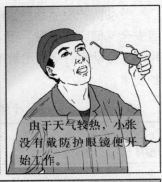

由于天气较热，小张没有戴防护眼镜便开始工作。

砂轮飞出的铁屑打伤了小张的眼睛。

小张的故事告诉我们，在砂轮上工作时，一定要使用防护用品。

 知识培训

如何选择个体防护用品

劳动防护用品品种繁多，涉及面广，正确配置是保证生产者安全与健康的前提。用人单位应当为劳动者配备适宜的防护用品，劳动者有必要了解配置防护用品是否符合国家规定的防护要求。

表 1 个体防护装备的选用

作业类别		可以使用的防护用品	建议使用的防护用品
编号	类别名称		
A01	存在物体坠落、撞击的作业	B02 安全帽 B39 防砸鞋（靴） B41 防刺穿鞋 B68 安全网	B40 防滑鞋
A02	有碎屑飞溅的作业	B02 安全帽 B10 防冲击护目镜 B46 一般防护服	B30 防机械伤害手套
A03	操作转动机械作业	B01 工作帽 B10 防冲击护目镜 B71 其他零星防护用品	
A04	接触锋利器具作业	B30 防机械伤害手套 B46 一般防护服	B02 安全帽 B39 防砸鞋（靴） B41 防刺穿鞋
A05	地面存在尖利器物的作业	B41 防刺穿鞋	B02 安全帽

续表

编号	作业类别		可以使用的防护用品	建议使用的防护用品
	类别名称			
A06	手持振动机械作业		B18 耳塞 B19 耳罩 B29 防振手套	B38 防振鞋
A07	人承受全身振动的作业		B38 防振鞋	
A08	铲、装、吊、推机械操作作业		B02 安全帽 B46 一般防护服	B05 防尘口罩（防颗粒物呼吸器） B10 防冲击护目镜
A09	低压带电作业（1 kV 以下）		B31 绝缘手套 B42 绝缘鞋 B64 绝缘服	B02 安全帽（带电绝缘性能） B10 防冲击护目镜
A10	高压带电作业	在 1 kV～10 kV 带电设备上进行作业时	B02 安全帽（带电绝缘性能） B31 绝缘手套 B42 绝缘鞋 B64 绝缘服	B10 防冲击护目镜 B63 带电作业屏蔽服 B65 防电弧服
		在 10 kV～500 kV 带电设备上进行作业时	B63 带电作业屏蔽服	B13 防强光、紫外线、红外线护目镜或面罩
A11	高温作业		B02 安全帽 B13 防强光、紫外线、红外线护目镜或面罩 B34 隔热阻燃鞋 B56 白帆布类隔热服 B58 热防护服	B57 镀反射膜类隔热服 B71 其他零星防护用品

作业类别		可以使用的防护用品	建议使用的防护用品
编号	类别名称		
A12	易燃易爆场所作业	B23 防静电手套 B35 防静电鞋 B52 化学品防护服 B53 阻燃防护服 B54 防静电服 B66 棉布工作服	B05 防尘口罩（防颗粒物呼吸器） B06 防毒面具 B47 防尘服
A15	井下作业	B02 安全帽 B05 防尘口罩（防颗粒物呼吸器） B06 防毒面具 B08 自救器 B18 耳塞 B23 防静电手套	B19 耳罩 B41 防刺穿鞋
A16	地下作业	B29 防振手套 B32 防水胶靴 B39 防砸鞋（靴） B40 防滑鞋 B44 矿工靴 B48 防水服 B53 阻燃防护服	
A17	水上作业	B32 防水胶靴 B49 水上作业服 B62 救生衣（圈）	B48 防水服
A18	潜水作业	B50 潜水服	
A19	吸入性气相毒物作业	B06 防毒面具 B21 防化学品手套 B52 化学品防护服	B69 劳动护肤剂

续表

作业类别		可以使用的防护用品	建议使用的防护用品
编号	类别名称		
A20	密闭场所作业	B06 防毒面具（供气或携气） B21 防化学品手套 B52 化学品防护服	B07 空气呼吸器 B69 劳动护肤剂
A21	吸入性气溶胶毒物作业	B01 工作帽 B06 防毒面具 B21 防化学品手套 B52 化学品防护服	B05 防尘口罩（防颗粒物呼吸器） B69 劳动护肤剂
A22	沾染性毒物作业	B01 工作帽 B06 防毒面具 B16 防腐蚀液护目镜 B21 防化学品手套 B52 化学品防护服	B05 防尘口罩（防颗粒物呼吸器） B69 劳动护肤剂
A23	生物性毒物作业	B01 工作帽 B05 防尘口罩（防颗粒物呼吸器） B16 防腐蚀液护目镜 B22 防微生物手套 B52 化学品防护服	B69 劳动护肤剂
A25	强光作业	B13 防强光、紫外线、红外线护目镜或面罩 B15 焊接面罩 B22 焊接手套 B45 焊接防护鞋 B55 焊接防护服 B56 白帆布类隔热服	
A26	激光作业	B14 防激光护目镜	B59 防放射性服

编号	类别名称	可以使用的防护用品	建议使用的防护用品
	作业类别		
A27	荧光屏作业	B11 防微波护目镜	B59 防放射性服
A28	微波作业	B11 防微波护目镜 B59 防放射性服	
A29	射线作业	B12 防放射性护目镜 B25 防放射性手套 B59 防放射性服	
A30	腐蚀性作业	B01 工作帽 B16 防腐蚀液护目镜 B26 耐酸碱手套 B43 耐酸碱鞋 B60 防酸（碱）服	B36 防化学品鞋（靴）
A31	易污作业	B01 工作帽 B06 防毒面具 B05 防尘口罩（防颗粒物呼吸器） B26 耐酸碱手套 B35 防静电鞋 B46 一般防护服 B52 化学品防护服	B27 耐油手套 B37 耐油鞋 B61 防油服 B69 劳动护肤剂 B71 其他零星防护用品
A32	恶味作业	B01 工作帽 B06 防毒面具 B46 一般防护服	B07 空气呼吸器 B71 其他零星防护用品
A33	低温作业	B03 防寒帽 B20 防寒手套 B33 防寒鞋 B51 防寒服	B19 耳罩 B69 劳动护肤剂

作业类别		可以使用的防护用品	建议使用的防护用品
编号	类别名称		
A34	人工搬运作业	B02 安全帽 B30 防机械伤害手套 B68 安全网	B40 防滑鞋
A35	野外作业	B03 防寒帽 B17 太阳镜 B28 防昆虫手套 B32 防水胶靴 B33 防寒鞋 B48 防水服 B51 防寒服	B10 防冲击护目镜 B40 防滑鞋 B69 劳动护肤剂
A36	涉水作业	B09 防水护目镜 B32 防水胶靴 B48 防水服	
A37	车辆驾驶作业	B04 防冲击安全头盔 B46 一般防护服	B10 防冲击护目镜 B13 防强光、紫外线、红外线护目镜或面罩 B17 太阳镜 B30 防机械伤害手套
A38	一般性作业		B46 一般防护服 B70 普通防护装备
A39	其他作业		

学习心得

第十四条 》》 使用防护用品时，要按照不同防护用品的使用方法，合理使用，并注意维护保养。

防护眼镜可以保护操作者的眼睛免受高速飞出物体的伤害。

耳罩或者耳塞可以防止操作者长时间在噪声环境中工作导致的听力下降。

防护口罩可以防止操作者在产生粉尘的工作环境中吸入粉尘导致尘肺。

安全鞋可以防止操作者足部受到坠落物的伤害。

操作标准

劳动防护用品使用注意事项

1. 要按照劳动防护用品的使用要求合理使用。

2. 在使用的过程中，要爱护劳动防护用品，以免造成损伤影响防护功能。

3. 使用后，应及时清洁劳动防护用品，并妥善保管好，以备下次使用。

4. 有的劳动防护用品要定期进行检验，不使用不合格的或者过期、未经过检验的劳动防护用品。

 **知识培训**

个体防护用品管理

《劳动法》《安全生产法》《职业病防治法》和《劳动防护用品监督管理规定》等法律、法规都对个体防护用品作了相应的规定。生产经营单位必须为从业人员提供符合国家标准或者行业标准的劳动防护用品，并监督、教育从业人员按照使用规则佩戴、使用。从业人员在作业过程中，应当严格遵守本单位的安全生产规章制度和操作规程，服从管理，正确佩戴和使用劳动防护用品。

1. 劳动防护用品，是保护员工在劳动生产过程中职业安全健康的一种预防性辅助措施，是保护员工健康安全的最后一道防线，是指发给员工穿戴和使用的各种着装、用品、用具和器材。

2. 单位职业健康安全负责人和职业健康安全管理人员要认真执行防护用品管理制度，指导、督促员工在作业时正确使用防护用品。

防护用品发放标准，由职业健康安全部根据上级有关规定，结合生产实际情况具体拟定，单位按拟定的标准执行。

3. 凡因工作需要在公司内部调动的员工应按其变动后的工种标准领取劳动防护用品。

4. 凡发给员工个人的劳动防护用品，应正确使用和妥善保管，不得遗失，更不能转卖等。

5. 员工进入厂区，根据不同季节正确着装，分别是夏季工作服，春、秋季工作服，冬季工作服，穿劳保鞋。检修人员在生产现场作业时，根据作业性质和接触物质等选择不同的防护用品正确穿戴（连体工作服、防砸作业鞋、防酸鞋、防酸靴、安全带等劳动防护用品）。

学习心得

第十五条 砂轮在使用前，应该检查是否合格。

小刘需要在砂轮上加工一批零件。

由于砂轮机上的砂轮已经磨得很小了，不能继续使用，因此，小刘找来一个新的砂轮准备更换。

安全员过来要求小刘对新的砂轮片进行认真的检查，小刘说，一般不会有事，没有检查就装上了。

由于砂轮片上有裂纹，在加工的过程中，砂轮片碎裂，飞出去伤到了人。

⚖ 操作标准

各种砂轮机使用指南

1. 砂轮安装前应检查，看看是否有裂纹，并用木锤敲击砂轮，听听是否有哑声，如果有，该砂轮不能使用。

2. 新装或隔日使用砂轮，应该先空转 1 min 以上再使用，如果一切正常，则可以按照磨削机械相关安全规程使用。

3. 由于砂轮质脆易碎，请不要让其受撞击、碰撞，更不能坠落。存放时应防冻、防潮，室内保持阴凉通风，放置平坦，叠放整齐，注意防尘，保持未使用砂轮的清洁，不可重压。

4. 砂轮安装时，必须找正砂轮中心，同时应该用法兰盘紧固，装上法兰盘以后应检验砂轮外圆是否与主轴同心，砂轮至少有一个侧面与主轴中心线垂直。

5. 安装砂轮后，为了安全，务必装妥合格的保护外罩，然后再开动机器使用。

砂轮使用注意事项：

1. 砂轮速度不得超过规定安全工作线速度。

2. 不专门使用端面工作的砂轮，不要以砂轮端面进行工作。

3. 加工工件时，不要推压工件来增加对砂轮的压力。

4. 修整砂轮应该用专门修整工具，操作人员戴防护眼镜。

5. 在磨削加工中，应正确选用冷却液；若不用冷却液，必须有防尘装置。

切割机使用指南：

1. 工作前必须穿好劳动防护用品，包括防护眼镜，检查设备是否有合格的接地线。

2. 检查确认砂轮切割机是否完好，砂轮片是否有裂纹缺陷，禁止使用带"病"设备和不合格的砂轮片。

3. 切料时不可用力过猛或突然撞击，遇到有异常情况要立即关闭电源。

4. 被切割的料要用台钳夹紧，不准一人扶料一人切料，并且在切料时人必须站在砂轮片的侧面。

5. 更换砂轮片时，要待设备停稳后进行，并要对砂轮片进行检查确认。

6. 操作中，机架上不准存放工具和其他物品。

角向磨光机使用指南：

1. 使用前应进行外观检查，发现损坏或缺少安全防护罩时禁止使用。

2. 线路电压不得超过工具铭牌上所规定电压的 10%。

3. 砂轮要安装稳固，螺帽不得过紧。接触过油、碱类或受潮、变形、裂纹、破损、有缺口的砂轮严禁使用。不得将受潮的砂轮片自行烘干使用。

4. 装上砂轮后空转 1 min 以确认安全，然后检查传动部分是否灵活、有否异响。

5. 切割坡口时不能用力过猛，遇到转速急剧下降时，应立即减小用力，如因故突然刹停或卡住时应立即切断电源。

6. 作业中，手指不得触摸砂轮片。

7. 砂轮应选用增强纤维树脂型，其安全线速度不得小于 80 m/s。

8. 磨削作业时，应使砂轮与工作面保持 15°～30°的倾斜角度。切削作业时，砂轮不得倾斜，并不得横向摆动。

9. 电刷磨损到不能使用时，须及时调换（两只电刷同时更换），否则会使电刷与换向器接触不良，引起环火，烧坏换向器，严重时会烧坏电枢。

10. 在使用过程中如发现绝缘损坏，电源线或电缆线套破裂，插头、插座、开关破裂或接触不良，以及断续运转，出现严重火花等故障时，应立即停机进行检查修理，在修复之前不得使用。

11. 磨光机的通风道必须保持清洁畅通，并防止铁屑等杂物入内。使用后应立即进行整修，让机器经常保持在良好状态。

12. 所用工具要小心轻放，避免受到冲击，并防止砂轮受冻受潮。

学习心得

第十六条 安装砂轮时一定要按照要求进行。

小张在砂轮上工作，由于砂轮已经磨得太小了，因此，需要更换砂轮片。

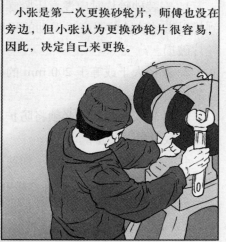

小张是第一次更换砂轮片，师傅也没在旁边，但小张认为更换砂轮片很容易，因此，决定自己来更换。

在紧固砂轮片的时候，小张认为越紧越好，于是，使用扳手使劲拧紧螺栓。

在开机工作的时候，砂轮片破裂，飞出去差一点酿成事故。

操作标准

安装砂轮片注意事项

1. 安装砂轮片时应注意压紧螺母或螺钉的松紧程度，压紧到足以带动砂轮并不产生滑动的程度为宜，压力过大可造成砂轮片破损。

2. 直径大于或等于 200 mm 的砂轮装上砂轮卡盘后应先进行静平衡调试。

3. 砂轮安装好后，必须将防护罩重新装好，并将防护罩上的保护板位置调整正确。

4. 新安装的砂轮应先以工作速度进行空转运行。直径大于 400 mm 的砂轮空运转时间为 5 min，直径小于 400 mm 的砂轮空运转时间为 2 min。

知识培训

砂轮片的选择

选择合适的砂轮，主要看其是否适用于要磨削的工件。粒度、硬度、组织号等都是必须了解的。

1. 磨料的选择

最常用的磨料是棕刚玉（A）和白刚玉（WA），其次是黑碳化硅（C）和绿碳化硅（GC），其余常用的还有铬刚玉（PA）、单晶刚玉（SA）、微晶刚玉（MA）、锆刚玉（ZA）。

棕刚玉的硬度高，韧性大，适宜磨削抗拉强度较高的金属，如碳钢、合金钢、可锻铸铁、硬青铜等，这种磨料的磨削性能好，适应性广，常用于切除较大余量的粗磨，价格便宜，可以广泛使用。

白刚玉的硬度略高于棕刚玉，韧性则比棕刚玉低，在磨削时，磨粒容易碎裂，因此，磨削热量小，适宜制造精磨淬火钢、高碳钢、高速钢以及磨削薄壁零件用的砂轮，成本比棕刚玉高。

黑碳化硅性脆而锋利，硬度比白刚玉高，适于磨削机械强度较低的材料，如铸铁、黄铜、铝和耐火材料等。

绿碳化硅硬度脆性较黑碳化硅高，磨粒锋利，导热性好，适合于磨削硬质合金、光学玻璃、陶瓷等硬脆材料。

2. 粒度的选择

用粗粒度砂轮磨削时，生产效率高，但磨出的工件表面较粗糙；用细粒度砂轮磨削时，磨出的工件表面粗糙度较好，而生产率较低。在满足粗糙度要求的前提下，应尽量选用粗粒度的砂轮，以保证较高的磨削效率。一般粗磨时选用粗粒度砂轮，精磨时选用细粒度砂轮。

3. 硬度的选择

磨削软材料时要选较硬的砂轮，磨削硬材料时则要选软砂轮。磨削软而韧性大的有色金属时，硬度应选得软一些。

4. 组织号

组织号用以表示砂轮内相邻的磨料颗粒之间的距离，也就是间隙的大小。砂轮中磨料颗粒所占的体积百分比，也就是其浓度的大小，决定砂轮的组织号，陶瓷砂轮组织号变化范围一般是从 5 到 13，数字越小表示砂轮组织越密，数字越大表示砂轮组织越疏松。组织号 11，12 和 13 通常是指气孔砂轮。

学习心得

第十七条 使用砂轮时，一定要按要求进行。

小刘平时盲目自信，工作时喜欢按照自己的意思办，对班组的提醒不屑一顾。

一次，小刘在砂轮上切割材料，因为切得不齐，因此，想用砂轮的侧面修整一下断面。

在修整的时候，砂轮破裂，飞了出去，打伤了在附近工作的同事。

小刘为自己的自作主张的行为懊恼不已。

 操作标准

砂轮使用中的注意事项

1. 砂轮使用时，应检查砂轮的旋转方向是否正确（与外罩所标的方向一致），要使磨屑飞离砂轮。

2. 要用砂轮的外表面磨削，不能使用砂轮的侧面。

3. 磨削时，要防止磨削件撞击砂轮或施加过大的压力，砂轮外径径向跳动误差较大时，应及时使用修整器进行修整。

4. 操作者不要站在砂轮的正对面，而应该站在砂轮的侧面或者斜对面。

5. 砂轮机要有安全防护装置，以避免砂轮破裂后飞出伤人。

知识培训

砂轮修整磨削加工工件表面粗糙度改善

1. 从技术方面

1）磨床砂轮在修整工件的粗糙度达不到要求时，可以试着在砂轮转速范围内，加大砂轮的转速来提高工件的表面粗糙度。从另一个方面来说，也可以试着将被磨削工件的转速降低。此举目的就是加大砂轮与工件的相对转速。

2）当按第一种方法效果不理想时，还可以将工件的纵向进给量减小，以减少砂轮磨削的强度，这样也可以防止工件的大

面积烧伤。

3）对于在磨床砂轮工作过程中，切削液、冷却液的流量也要试着控制，经常换用清洁的切削液、冷却液，以减少碎屑堵塞砂轮气孔。

4）在上述几个情况都改进后，如工件还是会出现纹路或达不到工件的粗糙度要求时，那就要针对磨床砂轮的平衡精度、磨床主轴的回转精度、工作台的运动平稳性等多方面调整机床以及整个工艺系统的刚度，削减磨削时的振动。

2. 从砂轮修整金刚笔使用方面

在使用砂轮修整工件的过程中，砂轮的修整修锐时，应采用耐磨性好的金刚笔、合适的刃口形状和安装角度，按照技术科学合理地修磨，能使磨粒切削刃获得良好的等高性，降低表面粗糙度。

3. 从砂轮选择方面

应选择合适的砂轮来磨削适应的工件。一般来讲，应选择与工件材料具有亲和力的磨料。工件材料软、粘时，应选用较硬的磨具；硬、脆时选较软的磨具。选择使用砂轮直径较大的砂轮，增大砂轮宽度，较细的砂轮粒度，皆可降低工件表面粗糙度值。

学习心得

第十八条 涉及其他工种的工作，要由相应部门的人来完成，不要自作主张，擅自行动。

小张在机床上加工一批零件，因为工期紧，小张工作十分紧张。

突然，机床停下来了，经检查发现，电源保险烧断了。

为了赶进度，小张想，自己换个保险算了，这活简单，省得找人麻烦。

小张在换保险的时候，不慎触电。

 **操作标准**

有时，在完成一件工作的时候，需要有不同部门、不同工种的人相互配合、交叉进行。在这样的情况下，每个工人只需做好本职的工作，涉及其他部门、工种的工作的时候，要由相应的人来完成，不要自作主张、擅自行动，以免造成不必要的损失。因为，不同工种之间的业务知识存在着很大的差别，有时候看似一件非常简单的工作，却包含着非常专业的知识，稍有不慎，就会发生事故，造成损失。

知识培训

特种作业人员

根据《特种作业人员安全技术培训考核管理规定》，特种作业人员必须经专门的安全技术培训并考核合格，取得《中华人民共和国特种作业操作证》（以下简称特种作业操作证）后，方可上岗作业。

特种作业人员应当接受与其所从事的特种作业相应的安全技术理论培训和实际操作培训。

特种作业，是指容易发生事故，对操作者本人、他人的安全健康及设备、设施的安全可能造成重大危害的作业。特种作业的范围由特种作业目录规定。

下列人员均为特种作业人员。

1　电工作业

指对电气设备进行运行、维护、安装、检修、改造、施工、调试等作业（不含电力系统进网作业）。

1.1　高压电工作业

1.2　低压电工作业

1.3　防爆电气作业

2　焊接与热切割作业

指运用焊接或者热切割方法对材料进行加工的作业（不含《特种设备安全监察条例》规定的有关作业）。

2.1　熔化焊接与热切割作业

2.2　压力焊作业

2.3　钎焊作业

3　高处作业

指专门或经常在坠落高度基准面2米及以上有可能坠落的高处进行的作业。

3.1　登高架设作业

3.2　高处安装、维护、拆除作业

4　制冷与空调作业

指对大、中型制冷与空调设备运行操作、安装与修理的作业。

4.1　制冷与空调设备运行操作作业

4.2　制冷与空调设备安装修理作业

5　煤矿安全作业

5.1　煤矿井下电气作业

5.2　煤矿井下爆破作业

5.3　煤矿安全监测监控作业

5.4　煤矿瓦斯检查作业

5.5　煤矿安全检查作业

5.6　煤矿提升机操作作业

5.7　煤矿采煤机（掘进机）操作作业

5.8　煤矿瓦斯抽采作业

5.9　煤矿防突作业

5.10　煤矿探放水作业

6　金属非金属矿山安全作业

6.1　金属非金属矿井通风作业

6.2　尾矿作业

6.3　金属非金属矿山安全检查作业

6.4　金属非金属矿山提升机操作作业

6.5　金属非金属矿山支柱作业

6.6　金属非金属矿山井下电气作业

6.7　金属非金属矿山排水作业

6.8　金属非金属矿山爆破作业

7　石油天然气安全作业

7.1　司钻作业

8　冶金（有色）生产安全作业

8.1　煤气作业

9　危险化学品安全作业

指从事危险化工工艺过程操作及化工自动化控制仪表安装、维修、维护的作业。

9.1　光气及光气化工艺作业

9.2　氯碱电解工艺作业

9.3　氯化工艺作业

9.4　硝化工艺作业

9.5　合成氨工艺作业

9.6　裂解（裂化）工艺作业

9.7　氟化工艺作业

9.8　加氢工艺作业

9.9　重氮化工艺作业

9.10　氧化工艺作业

9.11　过氧化工艺作业

9.12　胺基化工艺作业

9.13　磺化工艺作业

9.14　聚合工艺作业

9.15　烷基化工艺作业

9.16　化工自动化控制仪表作业

10　烟花爆竹安全作业

指从事烟花爆竹生产、储存中的药物混合、造粒、筛选、装药、筑药、压药、搬运等危险工序的作业。

10.1　烟火药制造作业

10.2　黑火药制造作业

10.3　引火线制造作业

10.4　烟花爆竹产品涉药作业

10.5　烟花爆竹储存作业

11　其他作业

安全监管总局认定的其他作业。

学习心得

第十九条 应认真参加技术培训和安全生产培训，逐渐提高自己的生产水平。

班长要求每位员工每天上班前集中进行班组学习。

小张不以为然，认为每天都讲那些内容，听都听烦了。所以，每次进行学习的时候，小张总是开小差，偷偷地看小说，不认真学习。

一天，小张在操作的时候，忘记了操作规程，错误操作导致发生了事故。

小张悔恨当初没有认真学习技术知识，导致发生了事故，造成了损失。

罚单

⚖ 规章制度

班组定期培训

员工除了要认真做好本职工作之外，还要定期参加班组组织的培训、学习活动。班组培训通有以下两种类型：

1. 技术知识培训。这种培训主要讲解先进的生产技术、操作规范，贯彻新的工艺规程、生产标准等内容。

2. 安全知识培训。这种培训主要讲解安全生产要求、安全生产技术，以及工作中遇到的一些问题，提醒员工应该注意的事项，以免发生生产事故。

只有经常认真地参加班组组织的培训，才能不断地提高自己的生产技术和水平，提高安全生产素质，从而实现安全、高效的生产过程，创造更多的价值。

⚖ 法规标准

职工教育培训

一、《安全生产法》对职工教育培训规定

第二十一条　生产经营单位应当对从业人员进行安全生产教育和培训，保证从业人员具备必要的安全生产知识，熟悉有关的安全生产规章制度和安全操作规程，掌握本岗位的安全操作技能。未经安全生产教育和培训合格的从业人员，不得上岗作业。

第二十二条 生产经营单位采用新工艺、新技术、新材料或者使用新设备，必须了解、掌握其安全技术特性，采取有效的安全防护措施，并对从业人员进行专门的安全生产教育和培训。

二、《生产经营单位安全培训规定》对职工教育培训规定。

第十四条 加工、制造业等生产单位的其他从业人员，在上岗前必须经过厂（矿）、车间（工段、区、队）、班组三级安全培训教育。

生产经营单位可以根据工作性质对其他从业人员进行安全培训，保证其具备本岗位安全操作、应急处置等知识和技能。

第十五条 生产经营单位新上岗的从业人员，岗前培训时间不得少于 24 学时。

煤矿、非煤矿山、危险化学品、烟花爆竹等生产经营单位新上岗的从业人员安全培训时间不得少于 72 学时，每年接受再培训的时间不得少于 20 学时。

第十九条 从业人员在本生产经营单位内调整工作岗位或离岗一年以上重新上岗时，应当重新接受车间（工段、区、队）和班组级的安全培训。

生产经营单位实施新工艺、新技术或者使用新设备、新材料时，应当对有关从业人员重新进行有针对性的安全培训。

学习心得

第二十条 在生产作业的时候，要严格贯彻工艺规程和操作规程，不得擅自做主，改变规程进行生产。

小张接到一批车削工件的活儿，工厂技术人员强调要分两次加工到位。

小张心想，一次性加工到位会省不少事，加快了工作进度。

俺这智商就适合当领导，呵呵。

小张为自己的想法暗自高兴，心想，对待工作还是要灵活处理。

加工时，由于吃刀深度较大，车刀断裂，差点酿成事故。

 操作标准

工 艺 规 程

机械加工工艺规程是规定产品或零部件机械加工工艺过程和操作方法等的工艺文件，是指导生产的主要技术文件。机械加工车间生产的计划、调度，工人的操作，零件的加工质量检验，加工成本的核算，都是以工艺规程为依据的。处理生产中的问题，也常以工艺规程作为共同依据。如处理质量事故，应按工艺规程来确定各有关单位、人员的责任。因此，在加工工件的时候，一定要严格按照工艺规程来进行，不可擅自更改。

 知识培训

机械加工通用操作规程

1 凡从事各种机械操作的人员，必须经过安全技术培训，考试合格后，方可上岗作业。

2 操作前

2.1 工作前按规定严格使用防护用品，扎好袖口，不准围围巾、戴手套，女工发辫应挽在帽子内。操作人员必须站在脚踏板上。

2.2 应对各部位螺栓、行程限位，信号、安全防护（保险）装置及机械传动部分、电器部分、各润滑点进行严格检查，确定可靠后方可启动。

2.3　各类机床照明应用安全电压，电压不得大于 36 V。

3　操作中

3.1　工、夹、刀具及工件必须装夹牢固。各类机床，开车后应先进行低速空转，一切正常后，方可正式作业。

3.2　机床导轨面上、工作台上禁止放工具和其他东西。不准用手清除铁屑，应使用专门工具清扫。

3.3　机床开动前要观察周围动态，机床开动后，要站在安全位置上，以避开机床运动部位和铁屑飞溅。

3.4　各类机床运转中，不准调节变速机构或行程，不得用手触摸传动部分、运动中的工件、刀具等在加工中的工作表面，不准在运转中测量任何尺寸，禁止隔着机床转动部分传递或拿取工具等物品。

3.5　发现有异常响动时，应立即停车检修，不得强行或带"病"运转，机床不准超负荷使用。

3.6　各机件在加工过程中，严格执行工艺纪律，看清图纸，看清各部分控制点、粗糙度和有关部位的技术要求，并确定好制作件加工工序。

3.7　调整机床速度、行程、装夹工件和刀具，以及擦拭机床时都要停车进行。不准在机床运转时离开工作岗位，因故要离开时必须停车，并切断电源。

4　操作后

4.1　将待加工的原料及加工完的成品、半成品及废料，必须堆放在指定地点，各种工具及刀具必须保持完整、良好。

4.2　作业后，必须切断电源，卸下刀具，将各部手柄放在空挡位置，锁好电闸箱。

4.3　清扫设备卫生，打扫好铁屑，导轨注好润滑油，以防锈蚀。

学习心得

第二十一条 发现设备出现故障要立即停止生产，并向上级报告，不可带"病"工作。

一天，小张在机床上加工工件时，听到机床的声音跟平常不同，有异响。

小张凭经验判断，是润滑系统出现了问题，不能很好地润滑所致。

小张心想，等我加工完这个工件，就向上级报修，应该不会有问题。

由于润滑不好，导致机床齿轮严重磨损，造成了很大的损失。

设备故障分类

设备的故障分为两种，一种是由于设备先天的因素造成的，比如说设备的设计、制造存在缺陷或质量问题；另一种是由于维修、保养不及时或者人为的原因造成的。无论哪种原因，一旦发现机床有问题，不能正常工作，一定要立刻停止机器，向上级报告。如果带"病"工作，轻则造成机器的损毁，造成更大的损失，重则可能会造成人身伤害。

规章制度

设 备 维 修

设备维修体制的发展过程可划分为事后修理、预防维修、生产维修、维修预防和设备综合管理五个阶段。

1. 事后修理

事后修理是指设备发生故障后，再进行修理。这种修理法出于事先不知道故障在什么时候发生，缺乏修理前准备，因而，修理停歇时间较长。此外，因为修理是无计划的，常常打乱生产计划，影响交货期。事后修理是比较原始的设备维修制度。除在小型、不重要设备中采用外，已被其他设备维修制度所代替。

2. 预防维修

预防维修要求设备维修以预防为主，在设备运用过程中做好维护保养工作，加强日常检查和定期检查，根据零件磨损规律和检查结果，在设备发生故障之前有计划地进行修理。由于加强了日常维护保养工作，使得设备有效寿命延长了，而且由于修理的计划性，便于做好修理前准备工作，使设备修理停歇时间大为缩短，提高了设备有效利用率。

3. 生产维修

生产维修要求以提高企业生产经济效果为目的来组织设备维修。其特点是，根据设备重要性选用维修保养方法，重点设备采用预防维修，对生产影响不大的一般设备采用事后修理。这样，一方面可以集中力量做好重要设备的维修保养工作，同时也可以节省维修费用。

4. 维修预防

维修预防是指在设备的设计、制造阶段就考虑维修问题，提高设备的可靠性和易修性，以便在以后的使用中，最大可能地减少或不发生设备故障，一旦故障发生，也能使维修工作顺利地进行。维修预防是设备维修体制方面的一个重大突破。

5. 设备综合管理

随着计算机技术在企业中应用的发展，设备维修领域也发生了重大变化，出现了基于状态维修（Condition-basic maintenance）和智能维修（Intelligent maintenance）等新方法。

基于状态维修是随着可编程逻辑控制器（PLC）的出现而在生产系统上使用的，能够连续地监控设备和加工参数。采用基于状态维修，是把 PLC 直接连接到一台在线计算机上，实时监控设备的状态，如与标准正常公差范围发生任何偏差，将自动发出报警（或修理命令）。这种维护系统安装成本可能很高，但是可以大大提高设备的使用水平。

学习心得

第二十二条 》》 机床使用后，按要求做好维护保养工作，使机床常常保持良好的状态。

小张进入工厂工作时间不长，师傅要求他每天工作完后对机床进行维护保养，加润滑油等。

擦拭工作都是老娘们干的活儿……

小张对师傅的话阳奉阴违，对维护保养工作做得马马虎虎，心想，每天做保养太麻烦，应该不会出什么事。

一天，小张加工的零件经过验收，全部为不合格。

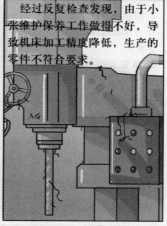

经过反复检查发现，由于小张维护保养工作做得不好，导致机床加工精度降低，生产的零件不符合要求。

操作标准

机床日常维护保养

日常维护保养 内容和要求	定期保养的内容和要求	
	保养部位	内容和要求
一、班前 1. 擦净机床各部外露导轨及滑动面。 2. 按规定润滑各部位，油质、油量符合要求。 3. 检查各手柄位置。 4. 空车试运转。 二、班后 1. 将铁屑全部清扫干净。 2. 擦净机床各部位。	外表	1. 清洗机床外表及死角，拆洗各罩盖，要求内外清洁，无锈蚀、无黄斑、漆见本色铁见光。 2. 清洗丝杠、杠、齿条，要求无油垢。 3. 检查补齐螺钉、手柄、手球。
	床头箱	1. 拆洗滤油器。 2. 检查主轴定位螺丝调整适当。 3. 调整摩擦片间隙和刹车装置。 4. 检查油质保持良好。
	刀架及拖板	1. 拆洗刀架、小拖板、中溜板各件。 2. 安装时调整好中溜板、小拖板的丝杠间隙和斜铁间隙。
	挂轮箱	1. 拆洗挂轮及挂轮架，并检查轴套有无晃动现象。 2. 安装时调整好齿轮间隙，并注入新油质。
	尾座	1. 拆洗尾座各部。 2. 清除研伤毛刺，检查丝杠，丝母间隙。 3. 安装时要求达到灵活可靠。
	起刀箱及溜板箱	清洗油线、油毡、注入新油。

日常维护保养 内容和要求	定期保养的内容和要求	
	保养部位	内容和要求
3. 部件归位。 4. 认真填写交接班记录及其他记录。	润滑及冷却	1. 清洗冷却泵，冷却槽。 2. 检查油质，保持良好，油杯齐全。油窗明亮。 3. 清洗油线、油毡，注入新油，要求油路畅通。
	电气	1. 清扫电机及电气箱内外灰尘。 2. 检查擦拭电气元件及触点，要求完好可靠无灰尘。线路安全可靠。

学习心得

第二十三条 》》 按要求正确使用机床，以免损坏设备。

师傅在讲述机床的正确使用方法时，小张没有在意，偷偷用手机给朋友发短信。

领到工作以后，小张独自上机床操作，心想，我学习比较快，看上一眼就会操作了。

忽然，小张的机床出现了故障，齿轮严重损坏，加工工期也耽误了。

经过分析发现，小张在机器还在运转的时候强行变速，导致了事故的发生。

操作标准

要正确使用机床

1. 禁止机床运行时变速，以免损坏机器的齿轮。

2. 过重的工件，不要夹在工、夹具上过夜。

3. 尺寸较大、形状复杂而装夹面又小的工件加工时，应预先在机床面上安装木垫，以防工件落下时损坏床面。

4. 禁止忽然开倒车，以免损坏机床零件。

5. 工具、刀具及工件不能直接放在机床导轨上，以免操作导轨。

 **知识培训**

机械加工零件质量

机械加工零件质量包括公差和表面粗糙度。

1. 公差

公差包括尺寸公差、形状公差和位置公差。

（1）尺寸公差。指允许尺寸的变动量，等于最大极限尺寸与最小极限尺寸代数差的绝对值。

（2）形状公差。指单一实际要素的形状所允许的变动全量，包括直线度、平面度、圆度、圆柱度、线轮廓度和面轮廓度 6 个项目。

（3）位置公差。指关联实际要素的位置对基准所允许的变动全量，它限制零件的两个或两个以上的点、线、面之间的相互位置关系，包括平行度、垂直度、倾斜度、同轴度、对称度、位置度、圆跳动和全跳动 8 个项目。

2. 表面粗糙度

表面粗糙度，是指加工表面具有的较小间距和微小峰谷不平度。其两波峰或两波谷之间的距离（波距）很小（在 1 mm 以下），用肉眼是难以区别的，因此它属于微观几何形状误差。表面粗糙度越小，则表面越光滑。表面粗糙度的大小，对机械零件的使用性能有很大的影响。

（1）形成原因。表面粗糙度形成的原因主要有：加工过程中的刀痕；切削分离时的塑性变形；刀具与已加工表面间的摩擦；工艺系统的高频振动。

（2）主要影响：

1）表面粗糙度影响零件的耐磨性。表面越粗糙，配合表面间的有效接触面积越小，压强越大，磨损就越快。

2）表面粗糙度影响配合性质的稳定性。对间隙配合来说，表面越粗糙，就越易磨损，使工作过程中间隙逐渐增大；对过盈配合来说，由于装配时将微观凸峰挤平，减小了实际有效过盈，降低了连结强度。

3）表面粗糙度影响零件的疲劳强度。粗糙零件的表面存在较大的波谷，它们像尖角缺口和裂纹一样，对应力集中很敏感，从而影响零件的疲劳强度。

4）表面粗糙度影响零件的抗腐蚀性。粗糙的表面，易使腐蚀性气体或液体通过表面的微观凹谷渗入到金属内层，造成表面腐蚀。

5）表面粗糙度影响零件的密封性。粗糙的表面之间无法严密地贴合，气体或液体通过接触面间的缝隙渗漏。

6）表面粗糙度影响零件的接触刚度。接触刚度是零件结合面在外力作用下，抵抗接触变形的能力。机器的刚度在很大程度上取决于各零件之间的接触刚度。

7）影响零件的测量精度。零件被测表面和测量工具测量面的表面粗糙度都会直接影响测量的精度，尤其是在精密测量时。

此外，表面粗糙度对零件的镀涂层、导热性和接触电阻、反射能力和辐射性能、液体和气体流动的阻力、导体表面电流的流通等都会有不同程度的影响。

学习心得

第二十四条 未经允许不得擅自操作别人的机床设备。

小刘才到车间工作不久，对车间的设备都充满好奇。

小刘被安排到一台普通的车床上工作，但他非常羡慕旁边的一台数控车床，心想自己要是能够操作这台车床该多好啊。

一天，小刘趁数控车床操作工离开的时机，开动数控车床，想试试看。

由于不太懂，结果发生了事故，导致设备损坏。

 知识培训

机床分类

1 机床通用型号

1.1 型号的表示方法

型号由基本部分和辅助部分组成，中间用"/"隔开，读作"之"。前者需统一管理，后者纳入型号与否由企业自定。型号构成如下图所示：

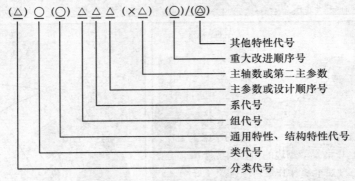

注 1：有"（）"的代号或数字，当无内容时，则不表示。若有内容则不带括号。

注 2：有"○"符号的，为大写的汉语拼音字母。

注 3：有"△"符号的，为阿拉伯数字。

注 4：有"◎"符号的，为大写的汉语拼音字母，或阿拉伯数字，或两者兼有之。

表 1　　　　　　　　　机床的分类和代号

类别	车床	钻床	镗床	磨床			齿轮加工机床	螺纹加工机床	铣床	刨插床	拉床	锯床	其他机床
代号	C	Z	T	M	2M	3M	Y	S	X	B	L	G	Q
读音	车	钻	镗	磨	二磨	三磨	牙	丝	铣	刨	拉	割	其

表 2　　　　　　　　　机床的通用特性代号

通用特性	高精度	精密	自动	半自动	数控	加工中心（自动换刀）	仿形	轻型	加重型	柔性加工单元	数显	高速
代号	G	M	Z	B	K	H	F	Q	C	R	X	S
读音	高	密	自	半	控	换	仿	轻	重	柔	显	速

示例 1：经过第一次重大改进，其最大钻孔直径为 25 mm 的四轴立式排钻床，其型号为：Z5625×4A。

示例 2：最大钻孔直径为 40 mm，最大跨距为 1 600 mm 的摇臂钻床，其型号为：Z3040×16。

示例 3：最大车削直径为 1 250 mm，经过第一次重大改进的数显单柱立式车床，其型号为：CX5112A。

学习心得

第二十五条 》 对于违章指挥、强令冒险作业，可以拒绝。

一天，老张使用的机床切削液供给设备出现了问题，不能正常供给切削液，老张停下了设备，并向上级做了汇报。

为了赶工期，领导要求老张在没有切削液的情况下继续加工工件。

老张因为害怕领导打击、报复，只好冒着危险违反操作规程继续生产。

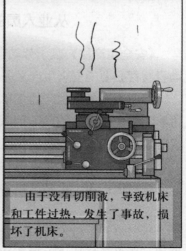

由于没有切削液，导致机床和工件过热，发生了事故，损坏了机床。

 知识培训

应当保护业人员的权利

从业人员享有拒绝违章指挥和强令冒险作业的权利，这是保护从业人员生命安全的一项重要权利。

法律赋予从业人员拒绝违章指挥和强令冒险作业的权利，不仅是为了保护从业人员的人身安全，也是为了警示企业负责人和管理人员必须照章指挥，保证安全。企业不得因从业人员拒绝指挥和强令冒险作业而对其进行打击报复。

 法律标准

从业人员的权利和义务

《安全生产法》赋予劳动者安全生产权利的同时，也要求劳动者履行必要的安全生产义务。

第四十五条 生产经营单位的从业人员有权了解其作业场所和工作岗位存在的危险因素、防范措施及事故应急措施，有权对本单位的安全生产工作提出建议。

第四十六条 从业人员有权对本单位安全生产工作中存在的问题提出批评、检举、控告；有权拒绝违章指挥和强令冒险作业。

生产经营单位不得因从业人员对本单位安全生产工作提出批评、检举、控告或者拒绝违章指挥、强令冒险作业而降低其

工资、福利等待遇或者解除与其订立的劳动合同。

第四十七条　从业人员发现直接危及人身安全的紧急情况时，有权停止作业或者在采取可能的应急措施后撤离作业场所。

生产经营单位不得因从业人员在前款紧急情况下停止作业或者采取紧急撤离措施而降低其工资、福利等待遇或者解除与其订立的劳动合同。

第四十九条　从业人员在作业过程中，应当严格遵守本单位的安全生产规章制度和操作规程，服从管理，正确佩戴和使用劳动防护用品。

第五十条　从业人员应当接受安全生产教育和培训，掌握本职工作所需的安全生产知识，提高安全生产技能，增强事故预防和应急处理能力。

第五十一条　从业人员发现事故隐患或者其他不安全因素，应当立即向现场安全生产管理人员或者本单位负责人报告；接到报告的人员应当及时予以处理。

学习心得

第二十六条 在加工的过程中，不可擅自离开工作岗位。

老张在车床上工作了10年，自以为工作熟练，技术高超。

一天，老张在车一根比较长的轴，由于加工完成需要较长的时间，老张想，趁此机会去喝口水。

由于赶回来稍有点晚，没有及时停住机器，导致加工过量，车刀碰上了夹具，发生了事故。

老张为自己的疏忽大意后悔不已。

操作标准

坚守岗位的重要性

在加工的过程中，要集中注意力，不可疏忽大意。一来，要观察工件的加工情况，以免操作不当导致质量下降或者不合格的产品产生；二来，要注意加工设备的运行情况，一旦发现有异常的现象，应当立即停止设备，向上级报告，做相应的故障排查工作，彻底解决问题后才能够继续生产。在生产的时候，尤其不要擅自离开设备。

 知识培训

机床岗位责任

1. 机床操作人员必须坚守工作岗位，正确处理产品、产量、质量的关系，加工前要看清、看懂、熟识图纸和质量的要求，发现问题要及时反映和查对，反对盲目加工。加工前首先检查毛坯的质量、尺寸、材料是否合乎要求。

2. 操作人员对自己操作设备的结构、性能、各部位零件的作用必须熟悉，不但要做到会开、会使用，而且要会修理，能及时排出故障。

3. 机床开动前，必须认真检查，确认安全方可开车，在操作过程中出现不正常的声响和现象，要及时停车检查，找出原因，消除故障，方可进行操作。

4. 自己操作的设备不准交给别人操作，不是自己操作的设备，未经领导批准，不准随便开动，对违章指挥的指令有权拒绝执行。

5. 始终保持工作场所和通道的整洁、畅通。机床要清洁卫生，原材料、成品、半成品和废料必须堆放在指定的地点，并考虑装卸时的安全和方便。

6. 工作完毕或有事需要离开机床时，必须停车，并切断电源。

7. 学徒工未经考试合格不准独立操作，不熟练的学徒工操作时，其师傅不得离开，如必须离开时，须将机床停下。初学徒工不得操作加工精密工件。

8. 工作中对螺丝、运转部分、工具润滑等部位认真检查。

9. 下班前擦洗好机床，清扫好工作场所，整理好工具。

学习心得

第二十七条 》调换工作岗位，一定要经过安全生产培训，方可上岗。

小张原来在车床上工作，后来由于铣床缺少人手，领导决定调他到铣床去工作。

对我来说这小菜一碟……

领导决定先派他去学习，然后再上岗操作，可是小张坚持说自己会操作铣床，不用培训即可上岗作业。

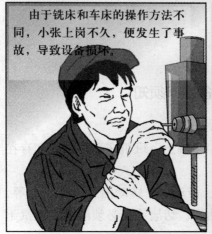

由于铣床和车床的操作方法不同，小张上岗不久，便发生了事故，导致设备损坏。

工厂的做法和小张的行为违背了安全生产培训教育制度，最终酿成了事故。

规章制度

安全培训教育制度

1. 新入厂的员工，必经过工厂、车间、班组三级安全教育，方可上岗操作。

2. 各单位在新工艺、新技术、新设备、新材料、新产品投产前要按新的安全操作规程，对岗位作业人员和有关人员进行专门教育，考试合格后，方可独立作业。

3. 凡发生重大事故和恶性未遂事故后，公司要及时组织有关人员进行现场教育，吸取教训，防止类似事故重复发生。

4. 员工转岗、干部顶岗以及脱离岗位 6 个月以上者，必须由厂、班组进行相关内容的安全教育培训，并经考核合格方可上岗作业。

 **知识培训**

机床设备操作须知

工作前认真做到：

1. 仔细阅读交接班记录，了解上一班机床运转情况和存在问题。

2. 检查机床外露导轨面、滑动面、转动面及工作台面等，如有工具、障碍物、杂质、油污、切屑等，必须清理、擦拭干净、上油。

3. 检查机床工作台面、导轨面及各主要滑动面有无新的拉、研、碰伤。如有，应通知班组长或设备员一起查看，并做好记录。

4. 检查安全防护、制动（止动）、限位和换向装置应齐全完好。

5. 检查机械、液压、气动等操作手柄、阀门、开关应处于非工作的位置上。

6. 检查电器配电箱应关闭牢靠，电气接地良好。

7. 检查润滑系统储油部位的油量应符合要求，封闭良好。油标、油窗、油杯、油嘴、油线、油毡、油管和分油器等应齐全完好，安装正确。按润滑图表规定进行人工加油或机动泵打油，查看油窗是否来油。

8. 停车一个班以上的机床，应按说明书规定及液体静压装置使用规定的开车程序和要求作空运转试车 5 min 以上。

工作中认真做到：

1. 坚守岗位，精心操作，不做与工作无关的事。因事离开机床时要停车，关闭电源、气源。

2. 按说明书规定选用进刀量、切削速度及砂轮的线速度。不准任意提高进刀量和切削速度，不准任意提高砂轮的线速度。

3. 绝对禁止在精密机床上加工胚料及进行粗加工工作。不要求高精度的工件，也不准在精密机床上加工。

4. 刀具、工件应装夹正确、紧固牢靠。装卸较重的工件或夹具只准用手动葫芦。不准用加长手柄增加力矩的方法紧固。

5. 不准在机床上主轴锥孔、尾座套筒锥孔及其他工具安装孔内安装与其锥度或孔径不符，表面有划伤和不清洁的顶针、刀具、刀套等。

6. 传动及进给机构的机械变速，刀具与工件的装夹、调整以及工件的工序间的人工测量等，均应在切削终止、刀具退离工件后停车进行。

7. 加工过程中，刀具未离开工件不准停车。

8. 应保持刀具锋利，如变钝或有崩裂应及时磨锋或更换。

9. 液压系统除节流阀外其他液压阀门不准私自调正。

10. 机床上特别是导轨面和工作台面，不准直接放置工具、工件及其他杂物。

11. 经常清除机床上的切屑、油污保持机床清洁。

学习心得

_____

_____

_____

_____

_____

_____

_____

_____

_____

_____

_____

第二十八条 加工不规则工件时，应注意动平衡。

一天，小张接到一批工件，形状非常不规则。

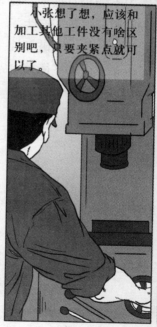
小张想了想，应该和加工其他工件没有啥区别吧，只要夹紧点就可以了。

在加工的过程中，工件有松脱的危险，小张立即停止了设备，差点造成事故。

一位老师傅告诉小张，加工不规则工件时要注意动平衡，必要时要加配重进行平衡。

 知识培训

动 平 衡

常用机械中包含着大量的作旋转运动的零部件，例如各种传动轴、主轴、电动机和汽轮机的转子等，统称为回转体。在理想的情况下回转体旋转与不旋转时，对轴承产生的压力是一样的，这样的回转体是平衡的回转体。但工程中的各种回转体，由于材质不均匀或毛坯缺陷、加工及装配中产生的误差，甚至设计时就具有非对称的几何形状等多种因素，使得回转体在旋转时，其上每个微小质点产生的离心惯性力不能相互抵消，离心惯性力通过轴承作用到机械及其基础上，引起振动，产生了噪声，加速轴承磨损，缩短了机械寿命，严重时能造成破坏性事故。为此，必须对转子进行平衡，使其达到允许的平衡精度等级，或使因此产生的机械振动幅度降在允许的范围内。

操作标准

车削偏心工件的方法

车削偏心工件的原理是装夹时把偏心部分的轴线调整到和主轴轴线重合的位置。车床偏心工件的装夹方法至关重要，常用的车削方法有以下几种。

1. 用三爪自定心卡盘车削偏心工件

三爪自定心卡盘适合车削精度要求不高、偏心距较小、长

度较短的偏心工件。车削时，工件的偏心距是依靠一个卡爪所加的垫片来保证的。

2. 在两顶尖间车削偏心工件

在两顶尖间车削偏心工件适用于较长偏心轴的加工，只要工件两端面能钻中心孔，又有夹头的装夹位置，均能采用这种方法。车床车削前先在工件两端面上各钻 2 个中心孔，然后顶住基准部分的中心孔车削基准部分的外圆，最后再顶住偏心部分的中心孔车削偏心部分的外圆。

若偏心距较小，可采用切去中心孔的方法加工。

偏心距较小的偏心轴，在钻偏心中心孔时可能跟主轴中心孔相互干涉。这时可将工件长度加长两个中心孔的深度。车床加工时，可先把毛坯车成光轴，然后车去两端中心孔至工件要求的长度，再划线，钻偏心中心孔，车削偏心轴。

3. 在偏心卡盘上车削偏心工件

这种方法适用于加工短轴、盘、套类的较精密的偏心工件。

偏心卡盘分两层，底盘用螺钉固定在车床主轴的连接盘上，偏心体与底盘燕尾槽相互配合，其上装有三爪自定心卡盘。利用丝杠来调整卡盘的中心距。偏心距的大小可在两个测量头之间测量。当车床偏心距为零时，测量头正好相碰。车床转动丝杠时，测量头逐渐离开，离开的尺寸即是偏心距。当偏心距调整好后，用四颗螺钉紧固，把工件装夹在三爪自定心卡盘上，就可以进行车削。

4. 在双重卡盘上车削偏心工件

双重卡盘是把三爪自定心卡盘夹持在四爪单动卡盘上，车削前，首先用一根加工好的心轴装夹在三爪卡盘上，并校正。然后调整四爪卡盘，将心轴中心偏移一个工件的偏心距。卸下心轴，就可以装夹工件进行加工。

5. 用花盘车削偏心工件

在加工偏心孔前，先将工件外圆两端面加工至要求后，在一端面上划好偏心孔的位置，然后用压板均匀地把工件装夹在花盘上，校正后压紧，即可车削。

6. 在专用偏心夹具上车削偏心工件

当加工数量较多、偏心距精度要求较高、长度较短的工件时，可在专用偏心夹具上车削。车床车削偏心轴时，偏心夹具可做成偏心套；车削偏心套时，偏心夹具可做成偏心轴。加工前应根据工件上的偏心距加工出相应的偏心轴和偏心套，然后将工件装夹在偏心套或偏心轴上进行车削。

学习心得

第二十九条 在车间工作时，要随时留意各种运输车辆、天车、起重设备的运行情况，以免发生事故。

一段时间，工厂的生产任务非常紧张，各工种、各岗位忙得热火朝天。

小张在自己的岗位上全神贯注地工作，没有意识到天车正吊着一个很重的零件经过他的上方。

天车的吊索突然断裂，吊的零件跌落在他的旁边，差一点酿成人身伤害事故。

经过事故以后，小张才明白，在岗位上工作时，除了自己认真工作，不发生事故，还要留意被他人的工作失误伤害到。

操作标准

三 不 伤 害

三不伤害的内容是：不伤害自己，不伤害别人，不被别人伤害。

1. 不伤害自己

（1）保持正确的工作态度及良好的生理、心理状态，保护自己的责任主要靠自己。

（2）掌握自己操作的设备或活动中的危险因素及控制方法，遵守安全规则，使用必要的防护用品，不违章作业。

（3）任何活动或设备都可能是危险的，确认无伤害威胁后再实施，三思而后行。

（4）杜绝侥幸、自大、逞能、想当然的心理，莫以患小而为之。

（5）积极参加安全教育训练，提高识别和处理危险的能力。

（6）虚心接受他人对自己不安全行为的纠正。

2. 不伤害别人

（1）你的活动随时会影响他人安全，尊重他人生命，不制造安全隐患。

（2）对不熟悉的活动、设备、环境多听、多看、多问，进行必要的沟通协商后再进行行动。

（3）操作设备尤其是启动、维修、清洁、保养时，要确保他人在免受影响的区域。

（4）你所知、造成的危险及时告知受影响人员、加以消除或予以标识。

（5）对所接受到的安全规定、标识、指令，认真理解后执行。

（6）管理者对危害行为的默许纵容是对他人最严重的威胁，安全表率是其职责。

3. 不被别人伤害

（1）提高自我防护意识，保持警惕，及时发现并报告危险。

（2）你的安全知识及经验与同事共享，帮助他人提高事故预防技能。

（3）不忽视已标识的潜在危险并远离之，除非得到充足防护及安全许可。

（4）纠正他人可能危害自己的不安全行为，不伤害生命比不伤害情面更重要。

（5）冷静处理所遭遇的突发事件，正确应用所学的安全技能。

（6）拒绝他人的违章指挥，即使是你的主管所发出的，不被伤害是你的权利。

学习心得

第三十条 在醉酒、心情不好等身体状况不佳的情况下，不可上岗操作。

班长劝他休息，等完全恢复过来再上岗操作，小刘坚持说没有问题，就去开动机床生产了。

小刘前一天晚上陪朋友喝酒，喝得大醉，第二天一早，强打精神坚持去上班，但酒还没有完全醒。

小刘由于精神状态不好，手臂碰到了旋转的工件，受了伤。

小刘为自己的固执付出了代价。

⚖️ **规章制度**

身体不好时应谨慎上岗操作

在醉酒、身体状况欠佳和心情不好的情况下，思维、行为都受到了一定的限制，本该想到的也想不起来了，本该能做到的也做不到位。因此，在这样的情况下坚持上岗操作，极容易导致事故的发生。所以，在醉酒、身体状况欠佳和心情不好的时候，最好能够充分地调节心理状态和休息，以免造成不必要的事故和损失。

 知识培训

调整安全心理状态，控制职工的不安全行为

一个人对环境因素或外界信息刺激的处理程度，决定了人的行为性质，这与人的心理状态有着密切关系。因此，各级领导、安全技术人员、特别是操作者要学习安全心理学知识，掌握心理活动规律，在事故发生前调节和控制操作者的心理和行为，将事故消灭在萌芽状态。这无疑会对安全生产起到积极的作用。

1. 运用人体生物节律的科学原理，事前预测分析人的智力、体力、情绪变化周期，控制临界期和低潮期，因人、因事、因时地做好政治思想工作，调节心理状态，掌握安全生产的主动权。

2. 努力改善生产施工环境，尽可能消除如黑暗、潮湿、闷热、噪声、有害物质等恶劣环境对操作者的心理机能和心理状态的干扰，使操作者身心愉快地去工作。

3. 要加强职工政治思想工作，经常和职工交流思想，了解掌握他们的思想动态，教育职工热爱本职工作，进而随时掌握职工心理因素的变化状况、排除外界的不良刺激。

4. 要切实关心职工生活，解决职工的后顾之忧，使操作者注意力集中，一心一意做好本职工作，保证安全生产。

5. 要合理安排工作，注意劳逸结合，避免长时间加班加点、超时疲劳工作。人在疲劳状态下，易引起心理活动变化，注意力不集中，感觉机能会弱化，操作准确度下降，灵敏度降低，反应迟钝，造成动作不协调、判断失误等，从而引发事故。

总之，控制人的不安全行为是防止和避免事故发生的重要途径。应扎实做好政治思想工作，关心职工疾苦，及时掌握职工的心理状态，消除不良刺激，促使职工心理因素向良性转化，从而达到控制不安全行为，实现安全生产的目的。

学习心得